U0220936

图书在版编目（CIP）数据

小真菌，大本领 / 蒋万知文；张云开图. –– 北京：
天天出版社, 2021.6
（看不见的微世界）
ISBN 978-7-5016-1726-5

Ⅰ.①小… Ⅱ.①蒋… ②张… Ⅲ.①真菌- 少儿读物 Ⅳ.①Q949.32-49

中国版本图书馆CIP数据核字(2021)第118682号

责任编辑：董 蕾　　　　　　　　　美术编辑：卢 婧
责任印制：康远超　张 璞

出版发行：天天出版社有限责任公司
地　址：北京市东城区东中街 42 号　　　　邮 编：100027
市场部：010-64169902　　　　　　　传 真：010-64169902
网　址：http://www.tiantianpublishing.com
邮　箱：tiantiancbs@163.com

印　刷：北京博海升彩色印刷有限公司　　经 销：全国新华书店等
开　本：889×1194　1/16　　　　　　　印 张：2
版　次：2021 年 6 月北京第 1 版　　印 次：2021 年 6 月第 1 次印刷
字　数：25 千字　　　　　　　　　　　印 数：1-5,000 册

书　号：978-7-5016-1726-5　　　　　　定 价：38.00 元

看不见的微世界

小真菌，大本领

蒋万知 / 文　张云开 / 图

人民文学出版社　天天出版社

自然界里有许多大力士——

身形庞大的大象，能搬起堆成小山似的木材；

小不点儿的蚂蚁，能举起自身体重 50 倍的东西。

有一位来自微生物世界的成员——真菌，它的个头儿很小，能耐却大得很！

它能让坚硬的岩石破裂；
它能让生物的尸体消失；
它能让健康的动植物生病；
......

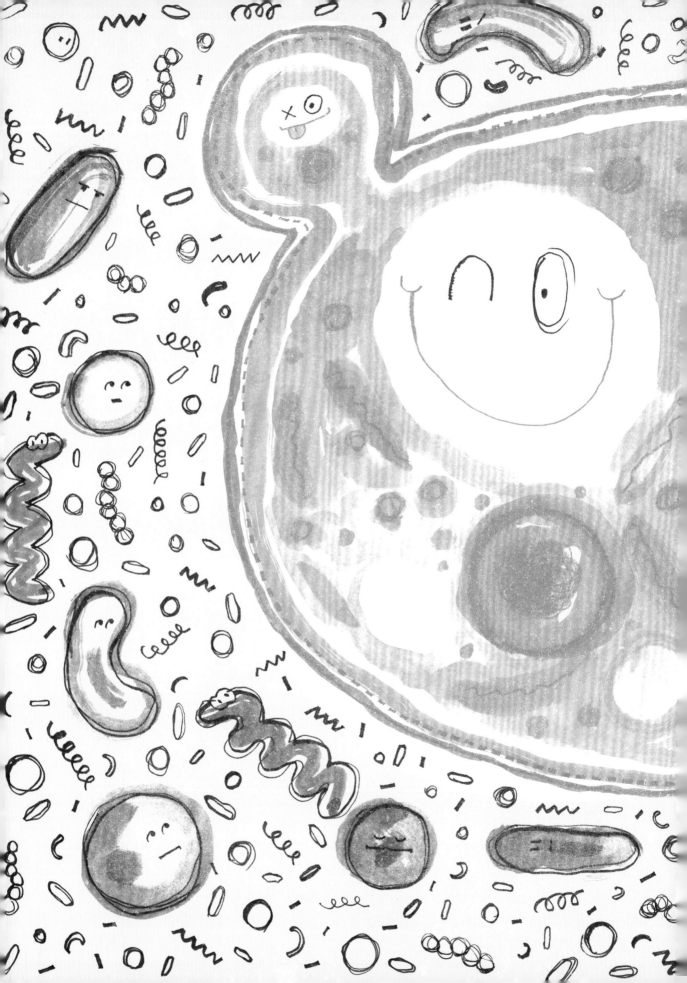

　　比起细菌和病毒，真菌算是
微生物世界的巨人族了。

　　许多真菌用肉眼看不见，但
有些真菌是肉眼能看见的。

　　厨房里存放太久的馒头，表
面会长出一层黑黑的、绒毛似的
东西，这就是真菌。

　　雨后的森林里，随处可见小
伞似的蘑菇，这也是真菌。

←霉

馒头

真菌家族里的成员
特别多，全世界真菌的
种类超过 150 万种。

真菌的外形大大小小、多种多样：有圆形的，有条形的，有网状的，有树枝状的，有伞状的……

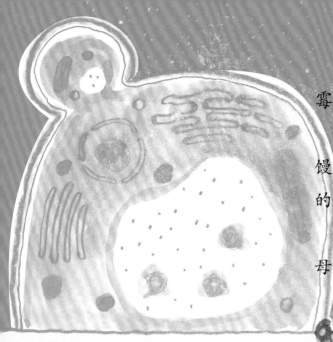

科学家们把真菌分为三类：酵母菌、霉菌和蕈类。

酵母菌可以让食物发酵。又白又软的馒头，浓郁醇香的美酒，都离不开酵母菌的努力工作。

酵母菌是单细胞真菌，显微镜下的酵母菌不仅形状千姿百态，颜色也十分丰富。

霉菌在生活中很常见。

过期食物上的绿毛、受潮墙面上的斑点，都是霉菌在捣乱。

蕈类也就是蘑菇，是真菌家族里的大高个儿，所以有人称它们大型真菌。

有的蕈类是绿色健康食品：金针菇、香菇、银耳、木耳、竹荪……又好吃又有营养。

有的蕈类是我们常说的毒蘑菇：误食白毒伞会致人死亡，毒蝇伞能让人产生幻觉。

人类曾误以为蘑菇是植物。

搞错啦！蘑菇没有叶绿体，无法进行光合作用——光合作用可是植物的重要特征。

球形

卵圆形

腊肠形

藕节形

柠檬形

显微镜下，一根根菌丝就像透明的胶管，还有像树枝似的分枝。无数菌丝交织在一起就组成了菌丝体——有的像绒毛，有的像蜘蛛网，有的像棉絮。

真菌的生存本领特别强。

有的真菌能够和其他生物共同生长。
你见过生长在悬崖峭壁上的大树吗？大树的营养从哪里来呢？
大树的根和真菌交织在一起，形成了菌根。菌根能改良土壤结构，菌丝能穿透岩石不断生长，扩大地盘为植物寻找营养。
水分、无机盐等营养成分源源不断地输送给大树，大树也毫不吝啬地提供糖类等有机物给真菌。

有的真菌是好吃懒做的家伙，寄生在其他生物的身体里。
比如霜霉就喜欢寄生在莴笋、黄瓜、大豆、葡萄等植物上，大摇大摆地获取营养。

蚂蚁也是真菌喜爱的寄生对象。真菌跟着树叶等食物进入蚂蚁的体内，肆无忌惮地吸收蚂蚁的营养。蚂蚁死后，真菌就把蚂蚁的身体当作房子，继续生长发育。

植物用种子繁殖后代，真菌用孢子传播下一代。
空气、水或者动物会带着孢子去旅行，寻找新的家。
孢子的旅行，让真菌撒满了全世界。

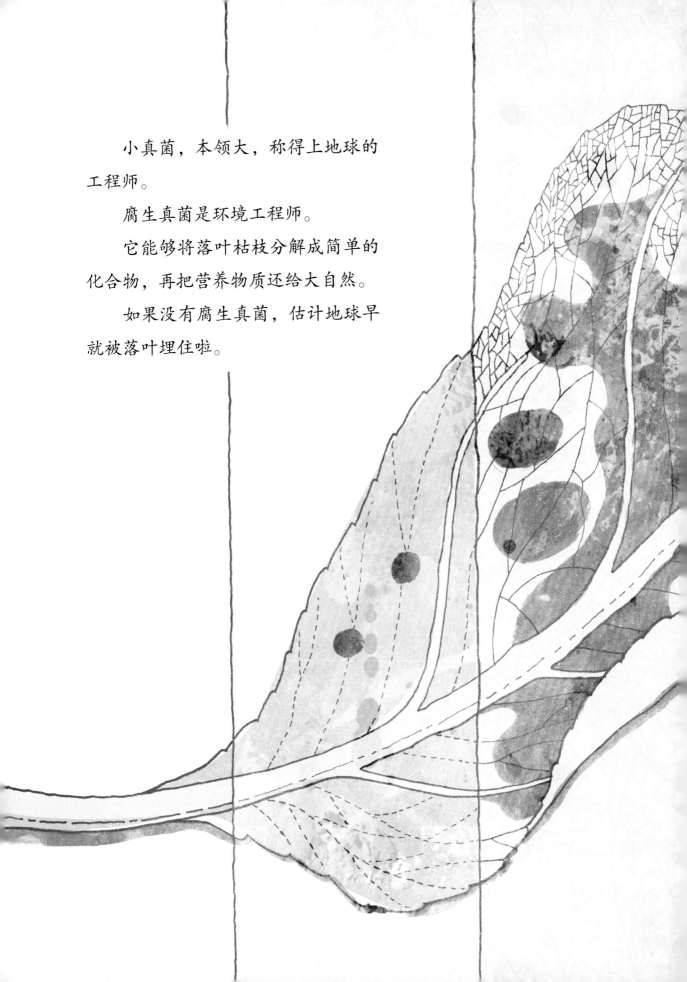

小真菌，本领大，称得上地球的工程师。

腐生真菌是环境工程师。

它能够将落叶枯枝分解成简单的化合物，再把营养物质还给大自然。

如果没有腐生真菌，估计地球早就被落叶埋住啦。

有的真菌是食品工程师。

大豆为什么能变成味道鲜美的酱油?

一种叫作曲霉的真菌拥有分解蛋白质等复杂有机物的能力,能让食品发生翻天覆地的变。

大米为什么能变成浓郁香醇的美酒?

根霉、曲霉、毛霉等真菌和酵母菌协同作战,就能将淀粉等原料发酵,酿出风味不同的美酒。

还有各种可食用的蘑菇,它们自古就是人类喜爱的美味佳肴。

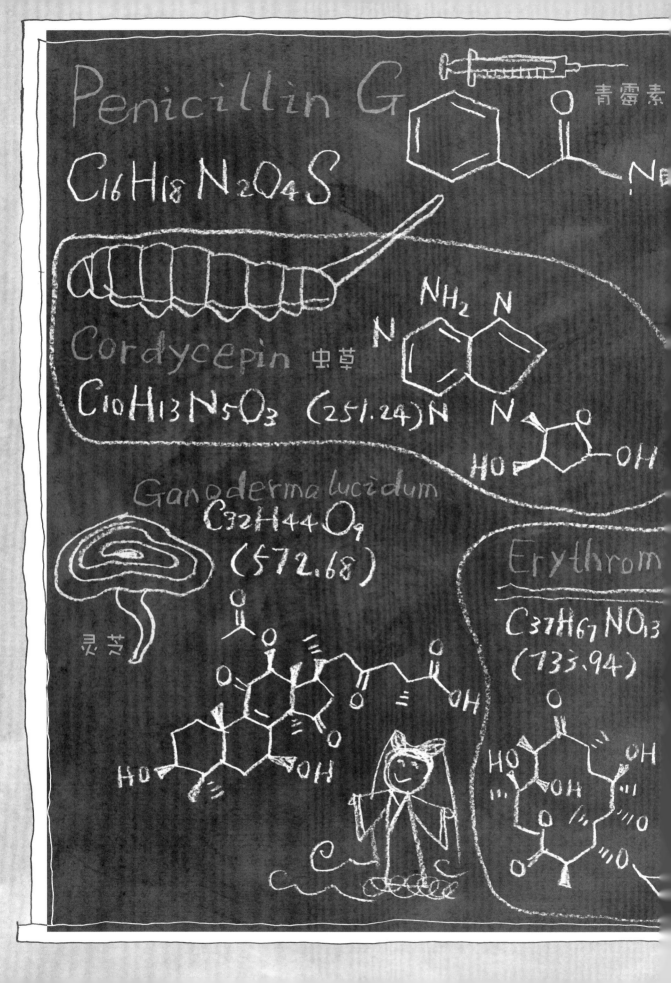

有的真菌是医药工程师。

人类面对肺炎等疾病曾经束手无策，科学家从青霉菌中提炼出青霉素，改变了人类对抗疾病的历史。

灵芝、虫草、茯苓、马勃都是真菌家族的成员，它们都是中医里常见的药材。

虽然真菌本领大，也能给人类带来大麻烦。

腐生真菌十分擅长搞破坏。它能让食物发霉变质，让木材腐朽溃烂，让衣服变色发霉，甚至风化岩石和矿物。

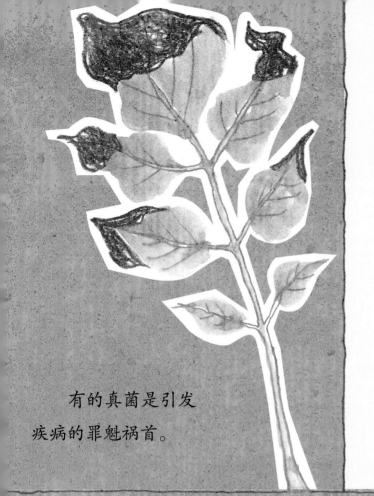

人类、植物和动物都是真菌攻击的对象。

一些真菌会引发皮肤病，让人又痒又难受。

晚疫病菌能引发马铃薯晚疫病，1985 年，曾摧毁欧洲六分之五的马铃薯。

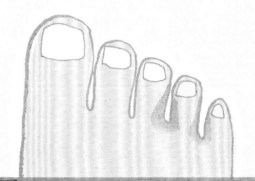

有的真菌是引发疾病的罪魁祸首。

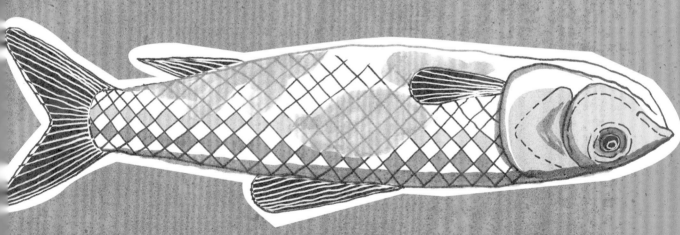

水霉入侵鱼类会导致鱼类患上皮肤病。病鱼会出现食欲不振、运动失常等症状，严重的甚至会死亡。

对付捣蛋的真菌,人类积累了不少经验。

真菌喜欢在温暖、潮湿、通风不良的环境中生长;干燥、通风、充足的阳光能有效减少真菌的滋生。

给农作物喷农药,就像是为农作物穿上了一件药膜衣服,能把捣蛋的真菌消灭在入侵农作物之前。

唑类、多烯类等抗真菌药物是对抗真菌感染的特种部队。

如果人类更多地认识真菌，就能更好地利用它。

　　比如一个普通塑料袋埋在地下，需要200年才能降解。科学家们发现，利用真菌的天然特性，分解塑料也许只需要几个星期。

　　未来，真菌还将在人们的生活中扮演更重要的角色。

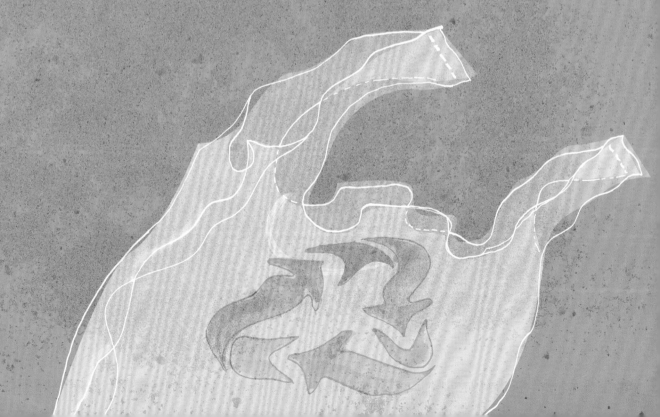

　　蒋万知，文学学士，传播学硕士，长期从事科技管理和科普规划工作，策划组织了多项大型科普活动。

　　著有科普图画书作品"看不见的微世界"系列、"影响世界的中国贡献"系列、"搞笑的动物科学绘本"系列、"超级科学粉丝——小云豹奔奔大冒险"系列等，用生动有趣的形式引领孩子们迈入科学世界。其中"看不见的微世界"获第十届湖南省优秀科普作品二等奖。